Anonym

Welche schädlichen Auswirkungen hat Lärm?

GRIN Verlag

Bibliografische Information der Deutschen Nationalbibliothek:

Die Deutsche Bibliothek verzeichnet diese Publikation in der Deutschen National-
bibliografie; detaillierte bibliografische Daten sind im Internet über http://dnb.d-
nb.de/ abrufbar.

Impressum:

Copyright © 2014 GRIN Verlag GmbH
Druck und Bindung: Books on Demand GmbH, Norderstedt Germany
ISBN: 978-3-656-96470-4

Dieses Buch bei GRIN:

http://www.grin.com/de/e-book/299910/welche-schaedlichen-auswirkungen-hat-
laerm

„Welche Auswirkungen hat Lärm?"

1. Analyse der Unterrichtseinheit

1.1. Didaktische Analyse

1.1.1. Legitimation

Der Gehörsinn ist einer der sechs menschlichen Sinne und ermöglicht uns Menschen Kommunikation und Orientierung. Von daher ist eine gewisse Grundkenntnis unabdingbar, um sich selbst und seinen Körper besser verstehen zu können. Aus gesundheitlicher Sicht und im Hinblick auf das Krankenversicherungssystem hat der Schutz des Gehörs nicht nur individuelle Relevanz, sondern auch gesamtgesellschaftliche.

1.1.2. Methodische Analyse

Zu Beginn der Unterrichtsstunde ist es unverzichtbar relevantes Vorwissen zu aktivieren. Dazu ordnen die Schülerinnen und Schüler wichtige Begriffe, die sie als laminierte Kärtchen am Platz haben. Sie versuchen diese in eine sinnvolle Reihenfolge zu bringen, die Anordnung zu begründen und die Begrifflichkeiten fachlich bergründet zu klären. Schnellere Schüler können noch ein Lerndomino (ebenfalls in Kärtchenform + laminiert) legen, dass ihnen ebenfalls von der Vorstunde bekannt ist. Anschließend erfolgt im Plenum eine Musterlösung an der Tafel, bei der sich möglichst viele Schülerinnen und Schüler einbringen. Dies dient auch der Rhythmisierung des Unterrichts. Sämtliche Fachtermini, die Verwendung finden, sind prinzipiell für die Erarbeitung von Bedarf. Das Wissen wurde in den Vorstunden erarbeitet und stellt somit indirekt eine Sequenzrückschau dar.

Während dieser Artikulationsphase misst ein Schüler mit einem Schalldruckpegelmesser (Phonometer) die Lautstärke. Dies wird dann noch vorgestellt, damit die Schülerinnen und Schüler ein Verständnis für die Lautstärkewerte entwickeln können.

Zur motivationalen Hinführung präsentiert der Lehrer ein Bild, bei dem ein Mann zu sehen ist, der sich die Ohren zuhält, da er sich offensichtlich vom Lärm eines Flugzeugs belästigt fühlt. Die Schülerinnen und Schüler äußern sich dazu.

Mögliche Schüleräußerungen sind:

- „Flugzeuge sind laut!"
- „Dem Mann tun die Ohren weh!"
- „Ich möchte nicht am Flughafen wohnen!"
- ...

Der Lehrer lenkt ggf. das Gespräch in Richtung körperliches und seelisches Wohlbefinden, um Emotionalisierung bei den Schülerinnen und Schülern zu erreichen.

Falls die Schüler keine Idee haben, um was es in der Stunde geht, notiert der Lehrer die Zielangabe an die Tafel:

„Welche Auswirkungen hat Lärm?"

Da die Erarbeitung sehr intensiv ist, und Zeit für eine ausgiebige Wertungsphase bleiben soll, wird auf eine Verlängerung dieser Artikulationsstufe verzichtet.

Während der Lehrer die Überschrift notiert, lesen die Schülerinnen und Schüler bereits die Arbeitsaufträge, die sich auf den Arbeitsblättern auf ihrem Pult zu finden sind. Im Anschluss geben die Schülerinnen und Schüler die Arbeitsaufträge in eigenen Worten wieder. Die Erarbeitung erfolgt in arbeitsteiliger Partnerarbeit, da diese Sozialform bereits gut geschult ist (sollte es zwischen Stefan und Michelle zu Problemen kommen, so arbeitet Michelle bei Viktoriya und Anna-Lena und Stefan allein). Die Arbeitsphase beginnt und endet mit einem akustischen Signal. Zur Differenzierung liegen Materialien bereit (sowohl für schwache als auch für starke Schüler). Für Schnelle liegen zwei Arbeitsblätter bereit, da die Heterogenität in der Klasse sehr hoch ist. Bei der Gestaltung der Arbeitsblätter wurde wert daraufgelegt, dass visuelle Reize den Text unterstützen („Ein Bild sagt mehr als tausend Worte!") und sich möglicherweise der „Bild-Überlegenheits-Effekt" einstellt.

Die Schülerinnen und Schüler präsentieren ihre Ergebnisse und heften die Wortkarten an die Tafel. Sie bemühen sich im Rahmen der Gesprächskultur, in ganzen deutschen Sätzen zu sprechen. Im Anschluss an die Präsentation wird die Tafel geschlossen und die Schülerinnen und Schüler äußern ihren Erkenntnisgewinn bei einer Meldekette.

In der Wertungsphase beantworten die Schülerinnen und Schüler einen Fragebogen. Dort werden die Schülerinnen und Schüler befragt, wann sie Lärm ausgesetzt sind und wie ihre Eltern mit Lärm umgehen.

Im Anschluss diskutieren die Schülerinnen und Schüler im Sitzkreis und reflektieren ihr eigenes Musiknutzungsverhalten und ihre Wohnsituation, wobei ersteres die deutlich größere Gefahr darstellt. Zur Veranschaulichung, was „laute Musik" bedeutet wird auch nochmal Musik abgespielt und die Lautstärke mit dem Phonometer gemessen.

2. Zielsetzung

2.1. Lehrplanbezug

6.3.3. Schall – Das menschliche Ohr

- Gefährdungen durch Lärm

2.2. Darstellung der Lehrsequenz

UE 1/UE 2: Was ist Schall? Wie entsteht Schall?
UE 3: Wie funktioniert eine Gitarre?
UE 4: Wie ist das Ohr aufgebaut?
UE 5: Wie funktioniert das Gehör?
UE 6: Welche Auswirkungen hat Lärm?
UE 7: Welche Erkrankungen beeinträchtigen das Gehör?
UE 8: Zusammenfassung/Wiederholung/Vorbereitung auf die Probe
UE 9: Probe

2.3. Lernziele

Grobziel:

Die Schülerinnen und Schüler lernen Gefährdungen durch Lärm kennen und können den Wirkungsmechanismus erklären.

Feinziele:

Die Schülerinnen und Schüler
- können Gefährdungen durch Lärm benennen.
- beschreiben den Zusammenhang zwischen dem Aufbau des Ohres einerseits und der Auswirkungen von Lärm auf das Gehör andererseits
- reflektieren ihren Umgang mit Lärmquellen und begründen, ob von ihrer Wohnsituation bzw. ihrem Konsumverhalten eine gesundheitliche Gefahr ausgeht.

3. Artikulation des Unterrichts

Artikulations-Stufe	Methoden/ Medien	Sozialform	Lehrer-Schüler-Interaktion
Aktivierung relevanten Vorwissens	Struktur-Lege-Technik; Kärtchen	PA	Die SuS ordnen wichtige Begriffe, die sie als laminierte Kärtchen am Platz haben. Sie versuchen diese in eine sinnvolle Reihenfolge zu bringen, die Anordnung zu begründen und die Begrifflichkeiten fachlich bergründet zu klären. Schnellere Schüler können noch ein Lerndomino (ebenfalls in Kärtchenform + laminiert) legen, dass ihnen ebenfalls von der Vorstunde bekannt ist.
	Tafel	Plenum	Anschließend erfolgt im Plenum eine Musterlösung an der Tafel, bei der sich möglichst viele SuS einbringen. Dies dient auch der Rhythmisierung des Unterrichts. Sämtliche Fachtermini, die Verwendung finden, sind prinzipiell für die Erarbeitung von Bedarf. Das Wissen wurde in den Vorstunden erarbeitet und stellt somit indirekt eine Sequenzrückschau dar.
	Phonometer	Plenum	Während der ArVw wird die Lautstärke gemessen, damit die Schüler ein Gespür für die Einheit „Dezibel" bekommen.
Motivationaler Einstieg	Beamer	Plenum	L präsentiert ein Bild, bei dem ein Mann zu sehen ist, der sich die Ohren zuhält, da er sich offensichtlich vom Lärm eines Flugzeugs belästigt fühlt. Die SuS äußern sich dazu. Mögliche SuS-Äußerungen: - Flugzeuge sind laut! - Dem Mann tun die Ohren weh! - Ich möchte nicht am Flughafen wohnen! - ... L lenkt ggf. das Gespräch in Richtung körperliches und seelisches Wohlbefinden, um Emotionalisierung bei den SuS zu erreichen.

Stundenziel	Tafel		L notiert die Zielangabe an die Tafel: „Welche Auswirkungen hat Lärm?"
Erarbeitung	ABs	arbeits- teilige PA	Während L die Überschrift notiert, lesen die SuS bereits die Arbeitsaufträge. Im Anschluss geben die SuS die AA in eigenen Worten wieder. Die Arbeitsphase beginnt und endet mit einem akustischen Signal. Zur Differenzierung liegen Materialien bereit. Für Schnelle liegen zwei ABs bereit, da die Heterogenität in der Klasse sehr hoch ist.
Präsentation der Ergebnisse	Tafel	Plenum	Die SuS präsentieren ihre Ergebnisse und heften die WoKas an die Tafel. Sie bemühen sich, in ganzen deutschen Sätzen zu sprechen.
Sicherung	Meldekette		Im Anschluss an die Präsentation wird die Tafel geschlossen und die SuS äußern ihren Erkenntnisgewinn.
Wertung	Fragebogen Phonometer	EA	Die SuS beantworten zum Abschluss einen Fragebogen. Dort werden die SuS befragt, wann sie Lärm ausgesetzt sind und wie ihre Eltern mit Lärm umgehen. Um die Lautstärke einschätzen zu können, wird ein Musikstück gemessen.
		Sitzkreis	Im Anschluss diskutieren die SuS im Sitzkreis und reflektieren ihr eigenes Musiknutzungsverhalten und ihre Wohnsituation, wobei ersteres die deutlich größere Gefahr darstellt.

4. Materialien

Hörschäden durch Knallgeräusche

Der „Knall" stellt vielleicht die stärkste Gefahr dar, wenn es darum geht, das Gehör unheilbar zu schädigen. Ab 130 Dezibel kann Lärm zu plötzlichen Hörverlusten führen.

Beispiele für solchen Lärm sind Spielzeug wie Pistolen, Knallfrösche, platzende Luftballons, aber auch Ohrfeigen, der lieb gemeinte dicke Kuss aufs Ohr oder auch Feuerwerkskörper.

Dieser Lärm kann nicht nur zu Hörminderung oder Tinitus (ein dauerhaftes Pfeifen im Ohr) führen, sondern auch zu einem „Explosions-Trauma" mit Zerreißung des Trommelfells oder der Verschiebung der Gehörknöchelchen Hammer, Amboss und Steigbügel. Es können sogar die Sinneshärchen in der Hörschnecke abbrechen.

1. Lies den Text aufmerksam durch und markiere wichtige Stellen farbig!

2. *Was kann dem menschlichen Ohr schaden?* Welche Gefahren gibt es? Notiere diese!

   _____

   _____

3. *Wie kommt es zu einer Schädigung des Gehörs?* Erkläre und gehe dabei auf die folgenden Punkte ein:
   - *Lautstärke* des Lärms (in Dezibel),
   - die *Häufigkeit* des Lärms (Wie oft?)
   - und den *Aufbau des Ohres* (Welche Teile sind betroffen?)

   _____

   _____

   _____

4. Besprecht euch in der Gruppe und notiert die **Ergebnisse** der Aufgabe Nr. 3 **auf Wortkarten** (je ein Wort/wichtiger Begriff auf einer Wortkarte!)!

Hörschäden durch dauerhaft laute Musik

Durch die ausgiebige Nutzung von tragbaren Musikplayern steigt vor allem bei Kindern und Jugendlichen das Risiko für Gehörschäden.

Wer fünf Jahre lang wöchentlich fünf Stunden laute Musik über Kopfhörer hört, riskiert einen dauerhaften Gehörschaden. Darauf weist der Berufsverband der Kinder- und Jugendärzte unter Berufung auf eine britische Studie hin.

Der Studie zufolge drehen junge Menschen ihren MP3-Player durchschnittlich auf 92 Dezibel auf. Hinzu kämen weitere Lärmquellen wie Musikkonzerte und Diskothekenbesuche.

Wird das Ohr längere Zeit lauter Musik ausgesetzt, so erschlaffen die Haarsinneszellen und können den Schall nicht mehr ans Gehirn weiterleiten. Um das Ohr wieder zu „heilen", darf es über einen längeren Zeitraum keinem Schalldruckpegel über 85 Dezibel ausgesetzt sein. Ist die Belastung mit Musik längerfristig zu hoch, dann verkümmern die Haarsinneszellen. In diesem Fall ist der Hörschaden nicht mehr auszugleichen.

1. Lies den Text aufmerksam durch und markiere wichtige Stellen farbig!

2. *Welche Gefahren* für das Gehör werden im Text angesprochen? Notiere diese!

_____

_____

3. *Wie kommt es zu einer Schädigung des Gehörs?* Erkläre und gehe dabei auf die folgenden Punkte ein:

- *Lautstärke* des Lärms (in Dezibel),

- die *Häufigkeit* des Lärms (Wie oft?)

- und den *Aufbau des Ohres* (Welche Teile sind betroffen?)

_____

_____

_____

4. Besprecht euch in der Gruppe und notiert die **Ergebnisse** der Aufgabe Nr. 3 **auf Wortkarten** (je ein Wort/wichtiger Begriff auf einer Wortkarte!)!

Für Schnelle

Wie wirkt Lärm noch?

Dr. med. Dentler, Facharzt für Ohrenheilkunde erklärt:
„Bei dauerhaft lauten Geräuschen, wenn man also längere Zeit einem Lärmpegel über 85 Dezibel ausgesetzt ist, können die Ohren geschädigt werden, wenn man dem Ohr keine Verschnaufpausen und Erholungsphasen gönnt. Denn bei andauernd lauten Geräuschen wird nicht nur das Ohr belastet, sondern auch das Herz und der gesamte Blutkreislauf. Weitere Erkrankungen können die Folge sein."

1. Lies den Text aufmerksam durch und markiere wichtige Stellen farbig!

2. *Welche Gefahren* für das Gehör werden im Text angesprochen? Notiere diese!

_____

_____

Wie Jugendliche ihr Gehör mit MP3-Playern und in Discos ruinieren – und warum es zu spät ist, wenn sie es merken.

Wenn mal wieder Bill Kaulitz von der Band Tokio Hotel aus dem Kinderzimmer schreit oder Rapper Bushido durch die Wände hämmert, sind Meinungsverschiedenheiten zwischen Eltern und Teenagern vorprogrammiert: Wo hört Musik auf, wo fängt Lärm an?

Unter Wissenschaftlern gibt es darüber keine Diskussion: Wer sich täglich stundenlang einem mittleren Geräuschpegel von 85 Dezibel aussetzt, riskiert langfristig sein Hörvermögen. Ab diesem Grenzwert handelt es sich zumindest im Berufsleben um einen „Lärmarbeitsplatz", an dem Beschäftigte ihre Ohren laut europäischen Richtlinien schützen müssen. Freizeitlärm hingegen ist Privatsache. Doch viele Discogänger, Konzertbesucher oder Nutzer von MP3-Playern kümmern die Gefahren wenig, die von ihrem Lieblingshobby ausgehen. Im Gegenteil.

Disco: Schicht am Lärmarbeitsplatz

Krass laut muss es sein, weil Musikhören dann am meisten Spaß macht, wenn in der Disco der Magen im Bassschlag vibriert, man mit Ohrhörer im Getöse der Töne versinkt und die Welt draußen nicht mehr wahrnimmt. Dass Schwerhörigkeit die Folge sein kann, darüber machen sich junge Musikfans meist keine Gedanken. Vielleicht wissen sie nicht, wie sehr laute Musik ihr Gehör bedroht. Wenn sie es merken, ist es allerdings zu spät. Einmal eingebüßtes Hörvermögen ist endgültig verloren. Keine Therapie kann es wiederherstellen.

Es ist aber nicht allein die Lautstärke, die auf die Ohren schlägt. Das Risiko steigt vor allem mit der Dauer der Einwirkzeit. „Vier Minuten in einer Disco mit 104 Dezibel sind ungefähr genauso gefährlich wie acht Stunden mit 85 Dezibel", erklärt Hans Peter Zenner, ärztlicher Direktor der HNO-Klinik an der Universität Tübingen. „Das heißt: Alle vier Minuten absolvieren die Ohren eines Jugendlichen eine Schicht an einem Lärmarbeitsplatz."

Quelle: http://www.focus.de/familie/kindergesundheit/medizin/musik-bis-an-die-schmerzgrenze-hoerschaeden_id_2116810.htmlwww.focus.de

1. Lies den Text aufmerksam durch!
2. Warum ist es wichtig, seine Ohren zu schonen? Begründe!
3. Warum heißt es im Text, dass ein Discobesuch eine Schicht an einem Lärmarbeitsplatz darstellt?

Erste Hilfe

Hörschäden durch Knallgeräusche

Dr. med. Dentler, Facharzt für Ohrenheilkunde erklärt:
„Bei einem lauten Knall, also einem einzigen Geräusch über 130 Dezibel, können die Ohren auf der Stelle dauerhaft geschädigt werden. Denn bei einem so lauten Geräusch kann es passieren, dass das Trommelfell reißt, sich Hammer-Amboss-Steigbügel verschieben oder die Haarsinneszellen in der Gehörschnecke zerstört werden. Man muss also bei Feuerwerkskörpern, Spielzeugpistolen und solchen Sachen ganz stark aufpassen und am besten einen Gehörschutz tragen!"

Hörschäden durch dauerhaft laute Musik

Dr. med. Dentler, Facharzt für Ohrenheilkunde erklärt:
„Bei dauerhaft lauter Musik, wenn man also längere Zeit über 85 Dezibel Musik hört, können die Ohren geschädigt werden, wenn man dem Ohr keine Verschnaufpausen und Erholungsphasen gönnt. Denn bei andauernd lauten Geräuschen kann es passieren, dass die Haarsinneszellen in der Gehörschnecke erschlaffen oder vielleicht sogar zerstört werden. Man muss also wirklich sehr aufpassen, nicht zu lange laute Musik zu hören!"

Fragebogen

Wie lange hörst Du laute Musik (über 85 dB) über die Stereoanlage?

Ca. 2-4 Stunden täglich (oder länger)	1-2 Stunden täglich	2-4 mal wöchentlich	Selten oder nie
4 Punkte	3 Punkte	2 Punkte	0 Punkte

Wie lange hörst Du laute Musik über Kopfhörer (über 85 dB)?

Ca. 1-3 Stunden täglich (oder länger)	0,5-1 Stunden täglich	2-4 mal wöchentlich	Selten oder nie
4 Punkte	3 Punkte	2 Punkte	0 Punkte

Gehst Du öfters auf laute Konzerte oder auf andere Musikveranstaltungen?

Mehrmals wöchentlich	Einmal wöchentlich	Einmal im Monat	Selten oder nie
4 Punkte	3 Punkte	2 Punkte	0 Punkte

Spielst Du häufiger mit Spielzeugpistolen oder bist Du Feuerwerkskörpern oder anderen laut knallenden Lärmquellen ausgesetzt?

Mehrmals wöchentlich	Einmal wöchentlich	Einmal im Monat	Selten oder nie
4 Punkte	3 Punkte	2 Punkte	1 Punkte

Wohnst Du an einer viel befahrenen Straße?

Ja	Nein
2 Punkte	0 Punkte

Sind in der Nähe deines Hauses Eisenbahngleise?

Ja	Nein
2 Punkte	0 Punkte

Gesamtpunkte:

20-16 Punkte	Achtung! Deine Ohren sind stark gefährdet! Du musst unbedingt dein Musikhören überdenken und deine Ohren schonen!
15-8 Punkte	Gönnen Deinen Ohren ruhig öfters Ruhe und Erholung, damit sich auch in Zukunft keine Schädigung ergibt.
7-0 Punkte	Deine Ohren sind nicht gefährdet! Hör auch in Zukunft so Musik, wie bisher!